T/CAGHP 071—2020

目　次

前言 ·· Ⅲ
引言 ·· Ⅳ
1　范围 ·· 1
2　规范性引用文件 ·· 1
3　术语和定义 ··· 1
4　基本规定 ··· 3
5　报告各章节编制要求 ·· 5
　5.1　前言 ··· 5
　5.2　评估工作概述 ··· 5
　5.3　地质环境条件评估 ·· 6
　5.4　地质灾害类型及危险性现状评估 ··· 7
　5.5　地质灾害危险性预测评估 ·· 10
　5.6　综合评估与适宜性评价 ··· 16
　5.7　防治措施建议 ·· 17
　5.8　结论及建议 ·· 17
6　图件编制要求 ·· 18
　6.1　评估图件内容 ·· 18
　6.2　地质灾害分布图 ··· 19
　6.3　已发现地质灾害点地质剖面图编图要求 ·· 20
　6.4　地质灾害危险性综合分区评估图 ·· 20
　6.5　图式图例 ··· 20
　6.6　色标用色 ··· 23
7　成果 ··· 23
　7.1　封面 ·· 24
　7.2　内封 ·· 24
　7.3　装订顺序 ·· 24

Ⅰ

前言

本规程按照 GB/T 1.1—2009《标准化工作导则 第1部分:标准的结构和编写》给出的规则起草。

本规程由中国地质灾害防治工程行业协会提出和归口管理。

本规程起草单位:北京中地华安地质勘查有限公司、中煤地质工程总公司、江苏省地质矿产局第三地质大队、浙江华东建设工程有限公司。

本规程主要起草人:高姣姣、尚掩库、于萍萍、董巧妹、张立才、李国臣、杨春杰、倪俊、杨建元、蒋欢明、房云峰。

本规程由中国地质灾害防治工程行业协会负责解释。

引 言

地质灾害危险性评估已成为城市总体规划、集镇规划、村庄规划及建设工程地质灾害防治的重要成果之一，其成果报告及图件是地质灾害在危险性评估工作的最终体现。为进一步规范地质灾害危险性评估报告及图件的编制，特制定本编制规程。

本规程为中国地质灾害防治工程行业协会标准。

地质灾害危险性评估报告及图件编制规程(试行)

1 范围

本规程规定了包括城市、村庄和集镇、铁路、公路等建设项目地质灾害危险性评估和规划项目地质灾害危险性评估报告及图件的编制。

本规程适用于各类建设项目(包括新建、改建、扩建)及城市总体规划、村庄和集镇等规划项目地质灾害危险性评估报告及图件的编制。

2 规范性引用文件

下列文件中的条款通过本规程的引用而成为本规程的条款。凡是注日期的引用文件,其随后所有的修改单(不包括勘误的内容)或修订版均不适用于本规程,凡是不注日期的引用文件,其最新版本适用于本规程。

GB 958—2015　区域地质图图例
GB/T 12328—1990　综合工程地质图图例及色标
GB/T 14538—1993　综合水文地质图图例及色标
GB/T 32864—2016　滑坡防治工程勘查规范
GB 50021—2001(2009版)　岩土工程勘察规范
GB 50330—2013　建筑边坡工程技术规范
DB 50/143—2003　地质灾害防治工程勘察规范
DZ/T 0197—1997　数字化地质图图层及属性文件格式
DZ/T 0219—2006　滑坡防治工程设计与施工技术规范
DZ/T 0220—2006　泥石流灾害防治工程勘查规范
DZ/T 0286—2015　地质灾害危险性评估规范
DZ/T 0179—1997　地质图用色标准及用色原则(1∶50 000)

3 术语和定义

下列术语和定义适用于本规程。

3.1

地质灾害 geological hazard

地质灾害是指由自然因素或人为活动引发的危害人民生命和财产安全的山体崩塌、滑坡、泥石流、地面塌陷、地裂缝、地面沉降等与地质作用有关的灾害。

3.2
地质灾害隐患 hidden danger of geological hazard

指降雨、地震、人类活动等外界因素和地质灾害体内部的潜在软弱结构面、节理裂隙等可能诱发地质灾害发生的因素。

3.3
地质灾害危害程度 degree of geological hazard

指地质灾害造成的人员伤亡、经济损失与生态环境破坏的程度。地质灾害按危害程度和规模大小分为特大型、大型、中型、小型地质灾害险情和地质灾害灾情四级。

3.4
地质灾害易发区 geological hazard prone areas

指具备地质灾害发生的地质构造、地形地貌和气候条件，容易发生地质灾害的区域。

3.5
地质灾害危险区 geological hazard danger zone

指已经出现地质灾害迹象，明显可能发生地质灾害且将可能造成人员伤亡和经济损失的区域或者地段。

3.6
地质灾害危险性评价 risk assessment of geological hazard

又称地质灾害灾变评价，是指在查清地质灾害活动历史、形成条件、变化规律与发展趋势的基础上，进行危险性评价，主要包括自然灾害与防治评价。该评价主要是对地质灾害活动程度和危害能力进行分析评判。

3.7
用地适宜性 land suitability

指在一定的条件下土地类型对某种经济利用的适宜程度。可以按土地的现状或改良后的状况加以考虑。衡量用地适宜程度的主要指标是看土地能否长期、有效地得到利用和最大限度地发挥其潜力。

3.8
崩塌 collapse

也称崩落、垮塌或塌方，指较陡斜坡上的岩（土）体在重力作用下突然脱离母体崩落、滚动、堆积在坡脚（或沟谷）的地质现象。地震、融雪、降雨、地表冲刷与浸泡以及不合理的人类活动都可能造成崩塌。

3.9
滑坡 landslide

指斜坡上的岩（土）体受河流冲刷、地下水活动、雨水浸泡、地震及人工切坡等因素影响，在重力作用下，沿着一定的软弱面或者软弱带，整体地或分散地顺坡向下滑动的自然现象，俗称"走山""垮山""地滑""土溜"等。

3.10
泥石流 debris flow

指在山区或其他沟谷深壑、地形险峻的地区，因为暴雨、暴雪或其他自然灾害引发的山体滑坡并携带有大量泥沙以及石块的特殊洪流。

3.11
地面塌陷 surface collapse

指地表岩（土）体在自然或人为因素作用下向下陷落，并在地面形成塌陷坑（洞）的一种动力地质现象。

3.12
踩空塌陷 goaf collapse

指由于地下采矿挖掘形成空间，造成上部岩土层在自重作用下，顶板失稳产生塌落或沉陷的统称。

3.13
岩溶塌陷 karst collapse

指在岩溶地区，下部可溶岩层中的溶洞或上覆土层中的土洞，因自身洞体扩大或在自然与人为因素影响下，突然垮塌引起地面变形。

3.14
地裂缝 ground fissures

是地面裂缝的简称，指地表岩层、土体在自然因素（地壳活动、水的作用等）或人为因素（抽水、灌溉、开挖等）作用下，产生开裂，并在地面形成一定长度和宽度的裂缝的一种宏观地表破坏现象。

3.15
地面沉降 land subsidence

又称为地面下沉或地陷，指在人类工程经济活动影响下，由于地下松散地层固结压缩，导致地壳表面标高降低的一种局部的下降运动（或工程地质现象）。

3.16
图元 diagram elements

图面上表示空间信息特征的基本单位，分为点、线、面三种类型。

3.17
图素 figure material

空间信息中的各种实体类型，由代表各类实体的若干图元构成。

3.18
图层 layer

为了有效地管理和利用空间数据，将一类图素或性质相近的一组图素的空间数据放在一个要素层（图层）中，同一图层具有相同的属性结构。每个不同的要素层分别放在不同的文件中，一幅地图往往由若干个图层组成。

3.19
图类 figure category

地质灾害图内信息的专业分类。

4 基本规定

4.1 应按评估级别和建设工程类型分别规定地质灾害危险性评估报告的编制内容和要点。

4.1.1 地质灾害危险性评估应分级进行，根据地质环境复杂程度和建设项目重要性分为三级，见表1。

表 1 地质灾害危险性评估分级表

建设项目重要性	地质环境条件复杂程度		
	复杂	中等	简单
重要	一级	一级	二级
较重要	一级	二级	三级
一般	二级	三级	三级

4.1.2 一级评估应有充足的基础资料,进行充分论证。具体包括:
   a) 应对评估区内分布的各类地质灾害体的危险性和危害程度逐一进行评估。
   b) 对建设场地和规划区范围内工程建设可能引起或加剧的和本身可能遭受的各类地质灾害的可能性和危险程度分别进行预测评估。
   c) 依据现状评估和预测评估的结果,综合评估建设场地和规划区地质灾害危险程度,分区段划分危险等级,说明各区段地质灾害的种类和危险程度,对建设和规划用地适宜性做出评估结论,并提出有效防止地质灾害的措施和建议。

4.1.3 二级评估应有充足的基础资料,进行综合分析。具体包括:
   a) 应对评估区内分布的各类地质灾害体的危险性和危害程度逐一进行初步现状评估。
   b) 对建设场地和规划区范围内,工程建设可能引起或加剧的和本身可能遭受的各类地质灾害的可能性和危险程度分别进行初步预测评估。
   c) 在上述评估的基础上,综合评估建设场地和规划区地质灾害危险程度,分区段划分危险等级,说明各区段地质灾害的种类和危险程度,对建设和规划用地适宜性做出评估结论,并提出有效防止地质灾害的措施和建议。

4.1.4 三级评估应有必要的基础资料进行分析。参照一级评估要求的内容,做出概略评估。

4.2 地质灾害危险性评估报告及图件编制单位应具备相应的资质。

4.3 应按照《地质灾害危险性评估规范》(DZ/T 0286—2015)中的要求,编写报告提纲。

4.4 报告及图件的编制要充分应用新的理论技术和方法,应以野外调查、试验、探测及各类资料综合整理分析研究为基础。

4.5 评估报告的主要内容需包括评估工作概述、评估区地质环境条件、地质灾害现状评估、地质灾害预测评估、地质灾害综合评估、地质灾害危险性分区、土地适宜性结论及地质灾害防治对策措施建议等内容。

4.6 地质灾害危险性分区、土地适宜性结论及地质灾害防治对策措施建议是报告的核心内容,其结论要充分考虑地质环境条件、建设工程施工及运行特点、诱发因素特征等。

4.7 评估图件比例尺应符合《地质灾害危险性评估规范》(DZ/T 0286—2015)中的要求,并且以便于阅读为原则。

4.8 平面图内容及要求:按规定的素色表示简化的地理、行政区划要素。

4.9 色标要求:按《综合工程地质图图例及色标》(GB/T 12328—1990)规定的色标,不同图件的面状普染色可表示不同内容,并非一定是岩(土)体类型。

4.10 符号要求:采用不同颜色的点、线符号表示地质构造、地震、水文地质和水文气象要素。采用不同颜色的点状、面状符号表示各种地质灾害点的位置、类型、成因、规模、稳定性、危险性等。

4.11 图幅要求:图件根据评估区实际面积、评估区所在区域地理位置并考虑阅读习惯自行规定。

5 报告各章节编制要求

5.1 前言

5.1.1 评估工作的由来

阐述项目的来源,说明委托的单位、时间和项目地点等。

5.1.2 评估工作的依据

各类建设项目及城市总体规划、村庄和集镇规划的地质灾害危险性评估工作,主要依据国家现行的有关法律法规、规章、文件、技术标准、委托(合同)等几个类型开展工作。

5.1.3 评估工作的目的与任务

5.1.3.1 目的

阐述开展评估工作的目的。为了防治地质灾害,避免和减少因不合理工程活动引发的地质灾害给人民生命财产造成的损失,为防灾减灾和建设项目合理用地提供科学的依据。

5.1.3.2 任务

阐述开展评估工作的任务。主要是调查建设用地及其周边地区的地质环境条件及地质灾害发育情况,调查建设用地地质灾害类型、分布现状、形成规律、发展趋势,在此基础上对建设用地地质灾害的危险性进行现状评估、预测评估和综合评估,对建设用地的适宜性做出评价,提出地质灾害防治措施及建议。

5.2 评估工作概述

5.2.1 规划区或拟建工程概况与用地范围

5.2.1.1 规划区或拟建工程概况

建设项目应详细阐明建设内容、投资建设规模,着重介绍拟建工程的建筑面积、结构特征、高度、楼房层数,以及地基开挖深度、宽度、长度、布置情况等,宜附拟建工程建筑规划图或平面布置图。

规划区说明规划项目类别、规划范围、规划分区、规划规模。没有具体拟建项目的应说明规划条件、规划范围。

5.2.1.2 用地范围

详细说明用地的地理位置、范围、拐点坐标,应附交通位置图。

5.2.2 评估范围与级别的确定

5.2.2.1 评估范围确定

阐述评估范围的确定原则、方法。评估范围不局限于建设用地、规划用地面积内,应视建设与规划项目的特点、地质环境条件、地质灾害种类及其影响范围予以确定。崩塌、滑坡评估范围以第一斜坡带为限。沟谷泥石流以泥石流的形成区、流通区、堆积区为泥石流的评估范围,坡面泥石流以整个低洼坡面的面积为评估的范围。地面塌陷、地裂缝和地面沉降的评估范围应包括地质灾害发生、发展和可能影响的整体范围。

5.2.2.2 评估级别确定

a) 根据地质环境条件复杂程度与建设项目重要性划分三级,即一级、二级和三级。
b) 地质环境条件复杂程度由地形地貌、地质构造、岩土性质、水文地质条件、地质灾害和人类工程活动等项确定。地质环境条件复杂程度由复杂向简单推定:任一项首先满足某高等级者即为该等级。
c) 根据工程项目类别、规模、特点等来确定工程建设的重要性,分为重要建设项目、较重要建设项目和一般建设项目。
d) 评估的分级标准见表1。

5.2.3 以往工作程度

说明与地质灾害评估相关的气象水文、地质矿产、水文地质、工程地质、环境地质等成果资料,并简述其工作程度,评述工作内容。

5.2.4 工作方法及完成的工作量

阐述地质灾害评估的方法、完成的工作量以及本次工作质量的评述。

5.3 地质环境条件评估

5.3.1 气象水文

5.3.1.1 收集评估区气象资料,重点掌握与地质灾害关系密切的气象要素,主要包括气候类型特征,气温、降水、蒸发、湿度等。描述降水、蒸发等气象特征值,包括长周期的年降水量变化数值,最大日、时、10分钟降水量,最大过程降水量,最大雨强,平均雨强,一次降雨过程中连续大雨、暴雨天数及其年内时段分布等气象特征;最高蒸发量、最低蒸发量和多年年平均蒸发量等。

5.3.1.2 对评估区多年年平均气温、极端最高气温、极端最低温度、日照时数、日照率、无霜期天数、冻土时间、最大冻土深度、多年平均冻土深度等进行描述。

5.3.1.3 阐述水系分布、流域汇流面积,径流特征,主要河、湖及其他地表水体(包括湿地、季节性积水洼地)的流量和水位动态,包括最高洪水位和最低枯水位高程及出现日期和持续时间,汛期洪水频率及变幅等,河(沟)床形态特征。

5.3.1.4 拟建用地位于海岸带时,应收集当地的最高、最低潮位和多年平均高(低)潮位。

5.3.2 地形地貌

5.3.2.1 阐述天然地貌成因类型、分布位置、组成物质、形态与组合特征及微地貌形态特征、过渡关系与相对时代。

5.3.2.2 描述人工地貌类型、分布位置、形态特征、规模、形成时间、运行现状和对工程的影响等。

5.3.2.3 地形坡度、相对高差、植被情况、斜坡建(构)筑物分布。

5.3.2.4 拟建用地位于海岸带时,应收集沿岸水下地形图或海图,划分海岸、潮间带及水下岸坡地貌类型,并调查其形态特征及物质组成。

5.3.3 地层岩性

5.3.3.1 论述区内地层的层序,调查和收集各类地层和岩浆岩的时代、岩性、结构、产状及其分布特征。

5.3.3.2 量测各地层代表性产状。

5.3.3.3 阐明地层与地貌部位的对应关系，厘定时代和成因。

5.3.4 地质构造与区域地壳稳定性

5.3.4.1 说明工作区构造轮廓，经历过的构造运动性质和时代，各种构造形迹的特征、主要构造线的展布方向等。

5.3.4.2 阐明代表性岩体中原生结构面及构造结构面的产状、规模、形态、性质、密度及其切割组合关系，各类构造的不同部位裂隙发育程度与特征，进行岩体结构类型划分。

5.3.4.3 说明不同构造单元和主要构造断裂带在第四纪以来的活动情况。

5.3.5 岩（土）体工程地质性质

5.3.5.1 说明土体成因、岩性类型、厚度、土体结构、接触关系及工程地质条件等特征，特别注意特殊性土的调查。

5.3.5.2 说明岩体岩性、结构面类型、产状及组合关系，结构面的发育、充填程度、岩体风化、岩体溶蚀等特征。

5.3.5.3 按地貌类型进行工程地质分区，当用地范围较大且地质条件较复杂时，宜按岩组类型进一步划分。

5.3.5.4 按土层性质及其组合特征结合地貌部位进行划分，土层命名应在岩性前冠以时代成因。

5.3.6 水文地质条件

5.3.6.1 说明区域水文地质条件，阐述地下水类型、岩性，各含水岩组特征、埋藏及其分布规律，确定富水性、水化学特征，地下水补给、径流、排泄条件，地下水动态特征及发展趋势等。

5.3.6.2 阐述不同深度的机、民井水位埋深和出水量，开发利用情况。

5.3.6.3 阐述各含水层组相互间的水力联系及与地表水体的关系。

5.3.7 人类工程活动对地质环境的影响

5.3.7.1 说明社会经济环境、主要工程类型、工程名称、规模（等级）、建设及运行时间。

5.3.7.2 说明用地附近人类活动的类型、规模、分布对地质环境的影响程度，人类活动引发或加剧的地质灾害发生的状况，用地项目工程自身的地质环境效应及其与地质灾害的关系。

5.4 地质灾害类型及危险性现状评估

5.4.1 地质灾害类型及特征

5.4.1.1 崩塌的特征：高陡的岩体突然杂乱地脱离母体堆积在坡脚，对坡脚（或沟谷）附近的人员及财产形成破坏。

5.4.1.2 滑坡的特征：滑动的坡体之间的相对位置不变，只是高度的降低，对坡体及坡脚附近的人员及财产形成突发性的破坏。若滑坡体积大，直接滑落到沟底形成堰塞湖，影响沟谷上下游一定范围内的安全。

5.4.1.3 泥石流的特征：一般发育在松散物大量堆积的沟槽，对沟槽底部的人员及财产形成突发性的破坏。

5.4.1.4 地面塌陷自沉陷中心向边缘可划分为中间区、内边缘区和外边缘区。中间区位于空区的正上方,地表下沉均匀,但地表下沉值最大,地面平坦,一般不出现裂缝;内边缘区位于空区外侧上方,地表下沉不均匀,产生压缩变形,地面一般不出现明显裂缝;外边缘区,位于空区外侧上方,地表下沉不均匀,产生拉伸变形,当拉伸变形值超过一定量时,地表产生裂缝。它的特征是:对地面塌陷范围内的人员及财产形成破坏,分突发性和缓慢性两种,突发性对人员及财产构成严重威胁。

5.4.1.5 地裂缝的特征:一般变化速度较慢,中间部分变化相对大一些,建筑物裂缝大时或松软的耕地在浇地时才被发现地裂缝,一般人员来得及躲避。

5.4.1.6 地面沉降的特征:下降速度缓慢,短时间内没有明显特征,往往不易察觉,直到有的地下管道破裂、地表出现裂缝、灌渠不能按原来正常路径方向流动时,才发现有地面沉降。

5.4.2 地质灾害危险性现状评估

5.4.2.1 崩塌灾害危险性现状评估

崩塌描述内容如下:
a) 阐述现有崩塌的地形地貌类型及崩塌类型、规模、范围、崩塌体的大小和崩落方向及成因机制等基本特征。
b) 崩塌源的位置、高差、形态等,崩塌周边建(构)筑物分布。
c) 崩塌区的地质构造,岩(土)体结构类型、结构面的产状、组合关系、闭合程度、力学属性、延展及贯穿情况等形成的地质环境条件。
d) 崩塌前的迹象和崩塌原因,分析崩塌的现状稳定性和发展趋势,评价崩塌发生的可能性。
e) 圈定崩塌威胁对象、影响范围和危害程度,确定地质灾害危险性等级。

崩塌分析方法如下:
a) 可采用历史演化分析法、岩体稳定性的结构分析法、工程地质类比法等定性的方法进行分析。
   1) 历史演化分析法通过调查地形特征及变化、斜坡发展历史,分析堆积物分布范围、分选情况与发育过程,综合判断崩塌发生历史,从而确定崩塌现状稳定性及发展趋势。
   2) 岩体稳定性的结构分析法是依据岩体中结构体之间的关系、优势结构面、结构面与临空面的组合关系,确定可能失稳的结构体的形态、规模与空间分布,判定崩塌可能移动的方向和破坏方式。结构分析法主要采用赤平投影法。
   3) 工程地质类比法依据相似性原则,通过斜坡的地层岩性、岩土体结构及斜坡类型等因素与类似稳定或失稳斜坡进行比较,从而判别崩塌的现状稳定性及发展趋势。
b) 在调查判定崩塌类型、结构形式及崩落运动方式与路径基础上采用半定量分析法,倾倒式崩塌可按抗倾覆模型计算稳定性系数,滑移式崩塌可按极限平衡法计算等。

5.4.2.2 滑坡灾害危险性现状评估

滑坡描述内容如下:
a) 阐述调查的微地貌形态及其演变过程:滑坡周界、滑坡壁、滑坡平台、滑坡舌、滑坡裂缝、滑坡鼓丘等要素,滑带部位、滑痕指向、倾角,滑带的组成和岩土状态,裂缝的位置、方向、深度、宽度产生时间、切割关系和力学属性,分析滑坡的主滑方向、滑坡的主滑段、抗滑段及其变化,分析滑动面的层数、深度和埋藏条件及其向上、下发展的可能性。
b) 阐述调查的滑带水和地下水的情况,泉水出露地点及流量,地表水体、湿地分布及变迁情况;滑坡带内外建筑物、树木等的变形、位移及其破坏的时间和过程。

c) 在查明滑坡现状发育特征的基础上,分析滑坡的地质背景、变形活动特征和形成条件,阐述滑坡的类型、形态、性质、规模等基本特征。

d) 分析滑坡的现状稳定性及发展趋势,确定其破坏的边界范围及破坏模式。圈定滑坡的威胁对象、影响范围和危害程度。

e) 根据本地区滑坡发生发展的规律和特征,滑坡的规模、稳定状态和造成损失的大小等综合评估滑坡的现状危险性,分析滑坡的发育程度,阐述滑坡灾害的现状危险性。

滑坡分析方法如下：

滑坡地质灾害现状评估可采用定性、半定量分析法。定性分析法一般包括地质分析法、工程地质类比法等；半定量分析法包括统计法、因子权重指数法、赤平投影法、图解法等,有条件时可采用相关公式定量计算。

5.4.2.3 泥石流灾害危险性现状评估

泥石流描述内容如下：

a) 搜集当地泥石流沟谷的历史,历次泥石流的发生时间、频数、规模、形成过程、爆发前的降水情况和爆发后产生的灾害情况,区分正常沟谷或低频率泥石流沟谷。

b) 阐述冰雪融化和暴雨强度、前期降雨量、一次最大降雨量,平均及最大流量,地下水活动情况；地层岩性、地质构造、不良地质现象,以及松散堆积物的物质组成、分布和储量。

c) 阐述沟谷的地形地貌特征,包括沟谷的发育程度、切割情况、坡度、弯曲、粗糙程度,并划分泥石流的形成区、流通区和堆积区,圈绘整个沟谷的汇水面积。

d) 分析形成区的水源类型、水量、汇水条件、山坡坡度、岩层性质及风化程度。分析断裂、滑坡、崩塌、岩堆等不良地质现象的发育情况及可能形成泥石流固体物质的分布范围、储量。

e) 分析流通区的沟床纵横坡度、跌水、急湾等特征,分析沟床两侧山坡坡度、稳定程度,沟床的冲淤变化及泥石流的痕迹。

f) 分析堆积区的堆积扇分布范围、表面形态、纵坡、植被、沟道变迁和冲淤情况,分析堆积物的性质、层次、厚度,一般颗粒及最大颗粒及其分布规律,判定堆积区的形成历史、堆积速度,估算一次最大堆积量。

g) 阐述沟谷内开矿弃渣、修路切坡、砍伐森林、陡坡开荒及过度放牧等人类活动情况。

h) 分析泥石流的形成条件、类型、规模、发育阶段、活动规律、影响范围及危害。

i) 根据沟谷地形地貌、物源、水源等因素,可定性评判泥石流易发程度。强发育：建设用地中上游主沟和主要支沟坡度大,松散物源丰富,有堵塞成堰塞湖(水库)或水流不通畅,区域降雨强度大。中等发育：建设用地中上游主沟和主要支沟坡度较大,松散物源较丰富,水流基本通畅,区域降雨强度中等。弱发育：建设用地中上游主沟和主要支沟坡度小,松散物源少,水流通畅,区域降雨强度小。

j) 分析评判泥石流易发程度。根据泥石流的易发程度及灾情或危害程度,阐述泥石流灾害的现状危险性。

5.4.2.4 采空塌陷灾害危险性现状评估

采空塌陷描述内容如下：

a) 阐述调查的矿层分布、层数、厚度、深度、埋藏特征及开采层的岩性、结构等。

b) 阐述调查的以往矿山开采范围、层位、开采方式、开采规模、开采时间、顶板管理方法等,矿山批准的(或拟开采的)开采范围、开采层位、开采接替顺序、开采方式、顶板管理方法,井巷等的分布、面积、管理方法。

c) 分析地表变形特征和分布规律,包括地表陷坑、台阶、裂缝位置、性状、大小、深度、延伸方向及其与采空区、地质构造、开采边界、工作面推进方向等的关系,地表移动盆地的特征,划分中间区、内边缘和外边缘区,确定地表移动和变形的特征值。

d) 阐述调查的采空区附近的抽水、排水情况。

e) 通过对采空区的岩土稳定性、开采过程及条件、地面变形特征的分析,总结采空区及地表变形的分布范围、特征、历史和规律及地面塌陷的成因机制等,评判现状稳定性。

f) 结合采空区的地表移动期、危险程度、危害程度,确定地质灾害危险性等级及范围。通过对采空区的岩土稳定性、开采过程及条件、地面变形特征的分析,分析总结采空区及地表变形的分布范围、特征、历史和规律及地面塌陷的成因机制等,评判现状稳定性,并结合危害程度,确定采空塌陷灾害现状危险性。

5.4.2.5 岩溶塌陷灾害危险性现状评估

岩溶塌陷描述内容如下:

a) 分析调查区内的岩溶发育程度、分布规律及水环境条件,阐述调查的岩溶塌陷成因、形态、规模、分布密度、土层厚度与下伏基岩岩溶特征,地表(下)水活动动态及其与自然和人为因素的关系。

b) 划分出变形类型及土洞发育程度区段,阐述岩溶塌陷对已有建筑物的破坏情况。

c) 分析岩溶塌陷的现状稳定性和发展趋势,评价岩溶塌陷发生的可能性;圈定岩溶塌陷威胁对象、影响范围和危害程度,分析岩溶塌陷灾害现状危险性。

5.4.2.6 地裂缝灾害危险性现状评估

地裂缝描述内容如下:

a) 阐述调查的单裂缝发育规律和特征以及群裂缝分布特征和分布范围。

b) 阐述现有地裂缝的类型、规模、发育时间及成因机制等基本特征和形成的地质环境条件。

c) 分析地裂缝的地层岩性、岩土体结构及构造等因素,判别地裂缝的现状稳定性及发展趋势。

d) 分析地裂缝威胁对象、发育程度、危害程度和影响范围,分析地裂缝灾害现状危险性。

5.4.2.7 地面沉降灾害危险性现状评估

地面沉降描述内容如下:

a) 阐述调查的第四纪沉积类型、地貌单元特征,冲积、湖积和海相沉积的平原或盆地及古河道、洼地、河间地块等微地貌分布,第四系岩性、厚度和埋藏条件,压缩层的分布。

b) 搜集历年地下水动态、开采量、开采层位和区域地下水位等值线图等资料,分析第四系含水层水文地质特征、埋藏条件及水力联系,地下水变化特征。

c) 根据已有地面测量资料和建筑物实测资料,同时结合水文地质资料分析,初步圈定地面沉降范围和判定累计沉降量,并对地面沉降范围内已有建筑物损坏情况进行分析。

d) 分析地面沉降形成原因和发育特征,论述地面沉降与地下水开采和地层岩性的关系,并依据累计地面沉降量及沉降速率确定地面沉降现状发育程度,分析地面沉降现状危害程度,确定地面沉降现状危险性。

5.5 地质灾害危险性预测评估

5.5.1 工程建设引发或加剧地质灾害危险性预测

5.5.1.1 工程建设引发或加剧地质灾害危险性预测评估是对工程建设中、建成后引发或加剧的崩塌、滑坡、泥石流、地面塌陷、地裂缝、地面沉降等地质灾害的可能性、危险性和危害程度做出预测评估。

5.5.1.2 工程建设引发地质灾害危险性预测评估前,应充分了解拟建工程概况、工程结构、荷载变化、对斜坡的处理方式和地基基础方案及其对地质环境作用方式和影响程度,根据工程建设类别及可能引发的地质灾害类型建立预测评估体系。

5.5.1.3 地质灾害危险性预测评估可采用工程地质类比法、成因历史分析法、层次分析法、数值统计法等定性、半定量的评估方法进行统计、对比、分析,并以图、表、文字方式进行表达。

5.5.1.4 山区重点对工程建设所产生的斜坡陡坎长度、高度和松散物质的组成、数量、堆积情况进行预测分析,评价人工陡坎、堆积部位与方式对斜坡稳定性的影响。采用地质分析法评价斜坡产生滑坡的可能性,按表2对引发或加剧泥石流的可能性做出预测。

表 2 工程建设引发或加剧泥石流的可能性判别

可能性	一般性条件		
	产生松散物总量/万 m³	堆积状况	沟坡与降雨条件
大	>5	集中堆积在沟道、坡脚与坡面,极不稳定	极有利于泥石流的形成
中	1~5	分散堆积在沟较,部分不稳定	有利于泥石流的形成
小	<1	全部清运或少量零散堆积,稳定	不利于泥石流的形成

5.5.1.5 平原区重点对工程建设抽水、排水及形成的地下水降落漏斗进行预测分析,结合地质条件评价工程建设预测是否引发或加剧地面沉降和地裂缝的发展。

5.5.2 工程建设可能遭受地质灾害危险性预测

5.5.2.1 可能遭受崩塌灾害的危险性预测包括以下内容:
a) 现状评估判定崩塌是稳定的,则建设用地遭受崩塌地质灾害的可能性小,地质灾害危险性小。
b) 现状评估判定崩塌稳定性较差或差时,应根据崩塌影响的可能范围和建设工程的相对位置关系,判定建设工程遭受崩塌地质灾害的可能性,并结合危害程度确定危险性等级(表3)。

表 3 崩塌发生可能性

发生的可能性	特点
大	拟建工程引发崩塌灾害的可能性大,遭受崩塌危害程度高;大型崩塌体处于基本稳定—不稳定状态
中	拟建工程引发崩塌灾害的可能性中等,遭受崩塌危害程度中等;小型或中型崩塌体处于不稳定—基本稳定状态
小	拟建工程引发崩塌灾害的可能性小,遭受崩塌危害程度低;崩塌体处于稳定状态

5.5.2.2 可能遭受滑坡灾害的危险性预测包括以下内容:
a) 现状评估判定滑坡是稳定的,则建设用地遭受崩塌(滑坡)灾害的可能性、危险性应根据工程建设的影响来确定。

b) 现状评估判定滑坡稳定性较差或差时,应根据滑坡发展趋势、其失稳后可能影响建设工程的范围,判定建设工程遭受滑坡地质灾害的可能性,并结合危害程度确定危险性等级。

5.5.2.3 可能遭受泥石流灾害的危险性预测包括以下内容:

a) 应确定在某一泥石流激发雨量条件下的危险性预测。一般按 50 年一遇的最大雨量或近代曾引发规模泥石流的雨量作参考。在现状评估的基础上,依用地工程所处区域和可能受到的危害范围与程度按表 4 和表 5 确定。

表 4 建设工程遭受泥石流灾害的危险性预测分级说明

建设工程所处地段	建设工程受危害的范围与程度	遭受的危险性
处于泥石流冲淤必经之地的高危险区域	全部或大部分,严重	大
处于泥石流冲淤范围内的危险区域	部分,较严重	中
处于泥石流影响区或外围的安全区域	轻或无	小

表 5 泥石流(沟谷)危险区域说明表

区域名称	主要地貌部位
高危险区域	上游区段的沟(河)道内、坡脚下及不稳定斜坡处;沟(河)道的漫滩,高于河床不足 3 m 的一级阶地、河(沟)谷的凹岸及凸岸的低处;沟口地带及其他行洪区域
危险区域	高于河床 3 m~10 m 的沟(河)谷两侧的Ⅰ、Ⅱ级阶地或老泥石流堆积体的较低处;高于河床 3 m~10 m 的河谷凹岸的较高处及凸岸的较低处;沟口外且距离沟口较近的区域地段
影响区域	高于河床 10 m~20 m 沟(河)谷两侧阶地或老泥石流堆积体的较高处及凸岸的高处;沟口外的下游地段,受洪水影响
安全区域	沟口外上游非泥石流流经地带;远离沟口堆积地带的下游,且为非行洪区域(距离大于 1 000 m)

b) 遭受已存在泥石流灾害的危险性预测。在现状评估的基础上,依用地工程所处区域和可能受到的危害范围与程度确定。

c) 确定沟谷的泥石流易发程度,确定潜在泥石流灾害的危险性。当面临多处泥石流或潜在泥石流,又存在建设工程引发或加剧泥石流的情况时,建设工程遭受泥石流灾害的危险性按高级别确定。

d) 还可采用历史分析法和对比分析法对建设工程可能遭受泥石流灾害的危险性做出评估预测。

5.5.2.4 可能遭受采空塌陷灾害的危险性预测包括以下内容:

a) 根据工程的特点、荷载的大小、采空区的特点、地质情况确定工程建设引发或加剧采空塌陷的预测。

b) 预测矿区未来开采对工程建设的影响。

c) 预测地下水位变动、建筑物荷载及其他不利因素作用下采空区的稳定性及变形特点,评估工程建设可能遭受的危害。

d) 预测评估方法可根据上覆的盖层岩性及强度、矿层及埋深、地质构造、地下水和开采条件等因素定性分析。当有实测变形资料时,可用相关公式估算。按表6预测工程建设遭受采空塌陷的可能性,分析危害程度,预测建设用地遭受采空塌陷的危险性。

表6 采空塌陷发生的可能性

发生的可能性	描述
大	1. 浅部缓倾斜矿层采空区面积大于拟建场区的2/3,且采空厚度大于2.5 m(法向厚度)的地段;浅部急倾斜矿层采空厚度超过3 m(法向厚度)。 2. 现采空区及未来采空区开采中的特殊地段:在开采过程中可能出现非连续变形的地段,地表移动活跃的地段,特厚矿层和倾角大于55°的厚矿层露头地段,由于地表移动和变形引起边坡失稳和山崖崩塌的地段,矿层开采后有引发泥石流的地段。现采空区、未来采空区及老采空区地表变形符合:地表倾斜大于10 mm/m、地表曲率大于0.6 mm/m² 或地表水平变形大于6 mm/m的地段。 3. 工程建设有引发采空塌陷且防治难度大的地段
中	1. 浅部缓倾斜矿层采空区面积不大于拟建场区的2/3;浅部急倾斜矿层采空厚度不大于3m(法向厚度)。 2. 现采空区、未来采空区及老采空区地表变形符合:地表倾斜 3 mm/m～10 mm/m,地表曲率 0.2 mm/m²～0.6 mm/m² 或地表水平变形小于2 mm/m～6 mm/m的地段。 3. 工程建设有引发采空塌陷的可能,需要专门防治,防治难度中等
小	1. 浅部无采空区;采空区不具备发生采空塌陷的条件。 2. 现采空区、未来采空区及老采空区地表变形符合:地表倾斜小于 3 mm/m,地表曲率小于 0.2 mm/m² 或地表水平变形小于2 mm/m的地段。 3. 工程建设不会引发采空塌陷

注1:对于"大","1"～"3"中任何一条符合,应定为"大";对于"小","1"与"3"均满足,定为"小";对于"中",符合其中一条,但不符合"大"任何规定,定为"中"。
注2:表中地表变形参数应根据实测数据进行计算,对于缺失地表变形资料的,可根据理论计算或地表调查结果综合分析确定。

5.5.2.5 可能遭受岩溶塌陷灾害的危险性预测包括以下内容:
  a) 根据调查过程中取得的已有资料,在基本掌握区内岩溶发育、分布规律及岩溶水环境并查明岩溶塌陷的成因、形态、规模、分布密度、土层厚度与下伏基岩岩溶特征的基础上,进行综合分析及预测评估。调查结果应统计列表并编制较大比例尺的平、剖面示意图,以反映变形现状与发育条件,并定性预测其发展趋势及对环境的影响程度。
  b) 根据岩溶塌陷影响的可能范围和与建设工程的相对位置关系,定性判定建设工程遭受岩溶塌陷地质灾害的可能性(表7—表9),并结合危害程度确定危险性等级。

表 7 塌陷体稳定性定性评价

稳定性分级	微地貌	土质性状	地下水埋藏及活动情况	说明
不稳定	塌陷尚未或已受到轻微充填改造,塌陷周围有开裂痕迹,坑底有下沉开裂迹象	疏松,呈软塑—流塑状	有地表水汇集入渗,有时见水位,地下水活动较强烈	正在活动的塌陷,或呈间歇缓慢活动的塌陷
基本稳定	塌陷已部分充填改造,植被较发育	疏松或稍密,呈软塑—可塑状	其下有地下水流通道,有地下水活动迹象	接近或达到休止状态的塌陷,当环境条件改变时可能复活
稳定	已被完全充填改造的塌陷,植被发育良好	较密实,主要呈可塑状	无地下水流活动迹象	进入休止状态的塌陷,一般不会复活

c） 根据岩溶发育程度、覆盖层岩性结构、覆盖层厚度、孔隙水与岩溶水之间隔水层厚度、地下水水位、地下水径流条件及地貌类型,对岩溶塌陷易发程度进行评估(表8)。

表 8 岩溶塌陷易发性数量化评分标准

因素	得分			
	4	3	2	1
岩溶发育程度 C	岩溶发育强烈		岩溶发育中等	岩溶发育微弱
覆盖层岩性结构 S	均一沙土双层或多层结构,底部为砂砾石		双层或多层黏性土—砂砾石	均一黏性土
覆盖层厚度 H/m	<5	5~10	10~30	>30
孔隙水与岩溶水之间隔水层厚度 G/m	<2	2~8	8~15	>15
地下水水位 W/m	<5 m,在基岩面附近波动	5~10m,在基岩面或在土层中波动	>10m,在土层中,<10m,在基岩中	>10 m,在基岩中
地下水径流条件 F		主径流带、排泄带	潜水带	径流带
地貌类型 D		岩溶盆地、洼地、谷地、低阶地	岩溶丘陵、缓坡、台地、高阶地	岩溶斜坡

注:预测指标判别值: $N=C+S+H+G+W+F+D$
当 $N\geqslant20$ 极易塌陷,可产生大量塌陷;
$N=16\sim19$ 易塌陷,可产生较多塌陷;
$N=11\sim15$ 不易塌陷,可产生少量或零星塌陷;
$N\leqslant10$ 一般不塌陷,属稳定区,在特殊条件下可能产生个别塌陷。

表 9　土洞稳定性定性评价

稳定性分级	土洞发育状况	土洞顶板埋深(H)及其与安全临界厚度比(H/H_0)	说明
不稳定	正在持续扩展,间歇性地缓慢扩展		正在活动的土洞,因促进其扩展的动力因素在持续作用,不论其埋深多少,都具有塌陷的趋势
基本稳定	休止状态	$H<10$ m 或 $H/H_0<1.0$	不具备极限平衡条件,具塌陷趋势
基本稳定	休止状态	10 m$<H<15$ 或 $1.0<H/H_0<1.5$	基本处于极限平衡状态,当环境条件改变时可能复活
基本稳定	休止状态	$H\geqslant15$ m 或 $H/H_0\geqslant1.5$	超稳定平衡状态,复活的可能性较小,一般不具备塌陷趋势
稳定	消亡状态		一般不会复活

d) 在分析岩溶地面塌陷稳定程度、对面积较大的规划区进行岩溶地面塌陷危险性预测评估时,可采用岩溶地面塌陷稳定性指数 K 半定量进行预测评估。可采用网格法评价,计算每个单元的岩溶地面塌陷稳定性指数,按分级标准圈定各级危险区的范围。网格单元面积不宜超过 0.5 km×0.5 km。线状工程可分段评估。按表 10 分级标准结合用地地质环境条件和对拟建工程的危害程度,综合确定岩溶地面塌陷危险性等级。

表 10　岩溶地面塌陷稳定性分级标准表

岩溶地面塌陷稳定性指标指数 K	$K\leqslant2$	$2<K\leqslant4$	$K>4$
稳定性等级	稳定性较好	稳定性较差	稳定性差

5.5.2.6 可能遭受地裂缝灾害的危险性预测包括以下内容:
a) 分析工程建设可能引发、加剧地裂缝发生和发展的可能性,预测地裂缝发生、发展趋势,用地遭受地裂缝的危险性。
b) 可采用模型预测法和演变(成因)历史分析法等方法,预测地裂缝发生的可能性与危险性。
c) 可按表 11 预测地裂缝发生的可能性与危险性。

表 11　地裂缝发生可能性

可能性	特点
大	有活动断裂通过,第四系厚度变化大,地层岩性复杂,地面沉降发育强烈
中	第四系厚度变化大,地层岩性复杂,地面沉降发育强烈
小	第四系厚度变化较大,地层岩性较复杂,地面沉降发育中等

5.5.2.7 可能遭受地面沉降灾害的危险性预测包括以下内容：
- a) 对工程建设期间或建成后由于建筑施工降水、地面大面积荷载增加等可能引发或加剧的地面沉降进行预测，评价对建设用地和相邻用地的影响和危害程度。
- b) 对工程建设自身可能遭受地面沉降危害的可能性、危害性和危害程度进行预测评估。
- c) 应预测地面沉降的发展趋势并估算沉降量。
- d) 绘制评估区地面沉降影响范围内累计沉降量等值线图，预测地面沉降速率。可按表12预测地面沉降发育程度，分为强、中、弱。预测地面沉降灾害危险性。

表12 地面沉降预测发育程度

发育程度	强	中	弱
沉降速率/mm·a^{-1}	>50	30～50	<30

- e) 根据地面沉降危险性指数 E，按表13确定地面沉降危险性等级。对于面积较大的规划区或评价因子空间分布存在明显差异时，可采用网格法进行地面沉降危险性分区评价，计算每个单元的地面沉降危险性指数，按分级标准圈定各级危险区的范围。网格单元可采用规则网格或不规则网格，采用规则网格时，网格单元面积不宜超过 0.5 km×0.5 km，对于线状工程可分段评价。

表13 地面沉降危险性分级标准表

地面沉降危险性指数 E	2.5<E≤3.0	1.5<E≤2.5	1.0≤E≤1.5
危险性等级	大	中等	小

5.5.3 地质灾害危险性预测评估危险性等级确定

5.5.3.1 对于已发现的地质灾害隐患点，应分析确定其危险性等级，可参考《地质灾害危险性评估规范》(DZ/T 0286—2015)第7.2条款的规定。

5.5.3.2 对于各类型典型地质灾害隐患点，在评估内容中应明确以下内容：
- a) 确定工程建设与滑坡的位置关系，分析工程建设引发或加剧滑坡发生的可能性。
- b) 确定工程建设与崩塌(危岩)的位置关系，分析工程建设引发或加剧崩塌(危岩)发生的可能性。
- c) 确定工程建设与泥石流的位置关系，分析工程建设引发或加剧泥石流发生的可能性。
- d) 确定工程建设与岩溶(采空)塌陷的位置关系，分析工程建设引发或加剧岩溶(采空)塌陷发生的可能性。
- e) 确定工程建设与地裂缝的位置关系，分析工程建设引发或加剧地裂缝发生的可能性。
- f) 确定工程建设与地面沉降的位置关系，分析工程建设引发或加剧地面沉降发生的可能性。
- g) 确定工程建设与不稳定斜坡的位置关系，分析工程建设引发或加剧不稳定斜坡发生的可能性。

5.6 综合评估与适宜性评价

5.6.1 在现状评估和预测评估的基础上，根据地质灾害稳定程度和地质灾害危害程度采用定性、半定量的分析法,对建设用地进行综合分区评估,划分用地地质灾害危险性区块等级。

5.6.2 综合评估级别应以现状和预测评估结果为基础。当评估区只存在单一灾种时,危险性宜采取就高不就低的原则确定,当评估结果存在多种级别时,应进行综合评估分区。

5.6.3 根据地质灾害影响范围及危害程度,直接判定地质灾害危险性等级。

5.6.4 根据地质环境、遭受和引发地质灾害类型、规模、密度、稳定性和承灾对象的社会经济属性等,分区(段)判定地质灾害危险性等级。

5.6.5 根据地质灾害危险性综合评估结果,依据地质灾害危险性程度、防治措施难易程度和防治效益进行建设场地适宜性分段。

5.6.6 工程区建设场地划分为适宜、基本适宜、适宜性差。根据适宜性分级进行适宜性分段,适宜性分级按表14确定。

表14 建设场地适宜性分级表

级别	分级说明
适宜	地质环境复杂程度简单,工程建设遭受地质灾害危害的可能性小,引发、加剧地质灾害的可能性小,危险性小,易于处理
基本适宜	不良地质现象较发育,地质构造、地层岩性变化较大,工程建设遭受地质灾害危害的可能性中等,引发、加剧地质灾害的可能性中等,危险性中等,但可采取适当防治措施予以处理
适宜性差	地质灾害发育强烈,地质构造复杂,软弱结构发育区,工程建设遭受地质灾害危害的可能性大,引发、加剧地质灾害的可能性大,危险性大,防治难度大

5.6.7 按照建设场地适宜、基本适宜、适宜性差的顺序,分别阐明各段适宜性分段面积及所占比例。

5.7 防治措施建议

在基本查明各种地质灾害特征的基础上,按"安全可靠、技术可行,防治结合,经济合理,保护环境"的原则选用防治措施。防治措施包括工程措施、监测措施、生物措施及工程绕避,可根据实际情况,采用单一措施或多种措施相结合进行地质灾害防治。适宜场地不采取防治,基本适宜场地应进行防治,适宜性差场地宜绕避。对采取的措施要分别进行介绍。

5.8 结论及建议

5.8.1 结论

5.8.1.1 概述中心地理位置(中心地理坐标)、地形地貌、地层岩性、地质构造、水文地质条件、工程地质条件、区内人为工程经济活动、地质环境条件复杂程度、建设项目重要性、评估级别确定、评估区范围。

5.8.1.2 预测存在的主要地质灾害隐患及其危险性大小。

5.8.1.3 综合评估地质灾害危险性大小、拟建用地适宜性。

5.8.2 建议

5.8.2.1 工程建设应注意的事项。本评估报告不能替代任何阶段的勘察成果。

5.8.2.2 工程建设过程前应进行地质灾害勘查、工程地质勘查、岩土工程等有关的评价工作。

6 图件编制要求

6.1 评估图件内容

6.1.1 地质灾害危险性评估图件包括基本图件、地质图件、调查图件、评估图件。具体见表15。

表15 地质灾害危险性评估图件一览表

图件类别	序号	图件名称	评估必须	评估推荐
基本图件	1	规划红线及评估范围图	√	
	2	评估区交通位置图	√	
	3	拟建建筑平面布置图(规划图)		√
地质图件	4	区域地貌图		√
	5	评估区微地貌图		√
	6	区域地质构造图	√	
	7	水文地质剖面图		√
	8	区域环境地质图		√
调查图件	9	评估区现状照片	√	
	10	评估区勘探点平面布置图		√
	11	评估区典型地段工程地质剖面图	√	√
评估图件	12	地质灾害分布图	√	
	13	地质灾害危险性综合分区评估图	√	

6.1.2 规划红线及评估范围图：图件主要反映拟用地的宏观规划用地范围的标志线、范围、拐点坐标及根据地质灾害危险性评估技术要求所确定评估范围。

6.1.3 评估区交通位置图：反映拟用地位置，包括县、区、镇、自然村。

6.1.4 拟建建筑平面布置图(规划图)：反映评估区建筑物布局及特征。

6.1.5 区域地貌图：反映评估区所在区域地貌单元，主要包括山地、丘陵、平原等基本类型。

6.1.6 评估区微地貌图：反映评估区微地貌特征，主要有山脊、山峰、斜坡、悬崖、沟谷、河漫滩、阶地、冲沟、洪积扇、岩溶等。

6.1.7 区域地质构造图：反映评估区大地构造位置、构造形迹及断裂特征等。

6.1.8 水文地质剖面图：反映评估区地下水类型、含水层组特征、水质情况及开采情况等(没有地面沉降灾害的可不附)。

6.1.9 区域环境地质图：评估区环境的基本要素及其相关作用，反映自然动力地质作用和人工开发导致地质环境的变化。

6.1.10 评估区现状照片：反映评估区现状基本特征。

6.1.11 评估区勘探点平面布置图：反映评估区勘探点及勘探剖面位置。

6.1.12 评估区典型地段工程地质剖面图：反映评估区建筑物地基岩(土)层构成、断层破碎带、岩体分级、地下水位等信息。

6.1.13 地质灾害分布图：反映评估区内滑坡、崩塌、泥石流等地质灾害的形成条件、发育特征和分布规律，同时反映地质灾害点的位置、类型、规模、稳定性、方向等信息。

6.1.14 地质灾害危险性综合评估分区图：在地质灾害分布图基础上，结合工程规划对地质环境的影响，划定明显可能发生地质灾害且可能造成较多人员伤亡和严重经济损失的危险区。危险区划分为大、中、小三级。

6.1.15 大型、典型地质灾害点应附照片和工程地质剖面图等。

6.1.16 特殊地质条件用专题图说明。

6.2 地质灾害分布图

6.2.1 应以评估区内地质灾害形成发育的地质环境条件为背景，主要反映地质灾害类型、特征和分布规律。

6.2.2 平面图主要内容：
a) 按规定的色谱表示简化的地理、行政区划要素。
b) 按《综合工程地质图图例及色标》(GB/T 12328—1990)规定的色标，以面状普染色表示岩土体工程地质类型。
c) 采用不同颜色的点、线符号表示地质构造、地震、水文地质和水文气象要素。
d) 采用不同颜色的点状或面状符号表示各类地质灾害点的位置、类型、成因、规模、稳定性、危险性等。

6.2.3 镶图与剖面图主要内容：
a) 主图中不能反映的工程地质条件和工程地质问题，用镶图的形式加以补充。镶图的数量、比例尺及在工程地质图中的位置应根据图区的实际情况及图廓范围而定，数量不宜超过2个（包括工程地质分区图）。对于有特殊意义的影响因素，可在平面图上附全区或局部地区的专门性镶图，如降水等值线图、全新活动断裂与地震震中分布图等。
b) 剖面图可使平面图得到空间的显示，以反映图区内工程地质条件的总体规律。
  1) 剖面图应反映岩(土)体的岩性和结构特征、构造断裂、地貌单元及其他地表形态特征的相互关系，平面图难以反映的地质现象及问题，如风化壳发育程度和深度、冻土空间分布情况等。有特殊意义的地质体，厚度较小时可用符号或夸大表示。同时，还应反映控制性工程地质钻孔及其取样位置、原位试验位置及取得的试验参数，并表示地下水位埋深值、水位线等。
  2) 剖面图的水平比例尺与平面图相同，垂直比例尺可根据具体情况而定，但一般垂直比例尺与水平比例尺之比控制在5倍~10倍范围内。剖面图的数量，以能与平面图配合反映工程地质条件的空间特征为原则，一般以2个~4个为宜。

6.2.4 大型、典型地质灾害说明表内容：
地质灾害点编号、地理位置、类型、规模、形成条件与成因、危险性与危害程度、发展趋势等。

6.3 已发现地质灾害点地质剖面图编图要求

6.3.1 剖面线应尽量垂直于已发现地质灾害点处地层走向和区域构造线方位,并切过尽量多的地层、岩石和构造单元。

6.3.2 选择能控制和表示其地形变化特点的地形高程点,并按地质图的比例尺绘制地形剖面线。

6.3.3 准确清晰地绘制出剖面图上相应的各地质界面。

6.4 地质灾害危险性综合分区评估图

6.4.1 地质灾害危险性综合分区评估图应反映预测评估和综合评估内容,编图内容包括主图基本内容、镶图基本内容和综合分区说明表基本内容。

6.4.2 主图基本内容包括:

a) 比例尺应按照委托单位的要求并考虑便于阅读,宜为 1:10 000～1:1 000,水库及线状工程一般不应小于 1:50 000,同时标示出综合分区图经纬度坐标。

b) 按规定的素色表示简化地形要素、地理要素和行政区划要素。

c) 按照规定的符号表示各类地质灾害的位置、类型和规模等。

d) 采用不同颜色的点状、线状符号表示建设项目工程布置和已建的重要工程,以红线圈定建设用地范围。

e) 采用面状普染色表示地质灾害危险性三级综合分区(段),其中红色表示危险性大区(段),橙色表示危险性中等区(段),绿色表示危险性小区(段)。

f) 以代号表示地质灾害点(段)防治分级,一般可划分为重点防治点(段)、次重点防治点(段)、一般防治点(段)。

6.4.3 镶图基本内容:不稳定斜坡、工程建设高边坡、顺向坡等区段应附有综合评估剖面图镶图。综合分区剖面图水平比例尺宜为 1:10 000～1:1 000,规划区和线状工程可适当调整;垂直比例尺宜为 1:500～1:200。涉及斜坡的剖面图,水平与垂直比例尺应一致,比例尺宜为 1:1 000～1:500。剖面线宜跨越评估区范围,综合分区剖面图宜跨越地质灾害大、中、小各区(段),并标示出地质灾害分区(段)范围。

6.4.4 综合分区说明表基本内容主要包括:危险性等级、区(段)编号、地质环境条件、现状地质灾害类型及特征、数量、规模、危害程度、危险性;预测工程建设引发、加剧和遭受各类地质灾害的可能性、危害程度和危险性,并提出防治措施和建议。

6.5 图式图例

6.5.1 图式要求

6.5.1.1 镶图图式

镶图综合评估剖面图应表示出基本地质环境条件;综合评估剖面线范围应超过评估区范围。镶图的数量、比例尺在综合工程地质图中的位置应根据图区的实际情况及图廓而定。数量一般不宜超过 2 个(包括工程地质分区图)。

6.5.1.2 综合分区说明表

地质灾害危险性综合分区说明表,宜采用表 16 样式。

表 16 地质灾害危险性综合分区说明表

危险性分区等级	区（段）编号	地质环境条件	现状地质灾害				工程建设引发地质灾害类型	工程建设遭受地质灾害类型	危险性	防治措施
			类型	特征	规模	危险性				

6.5.1.3 图签图式

图签格式宜采用图 1 样式，长度 150 mm，宽度 65 mm。但通常仅规定内容，视图件的大小确定。

图 1 图签格式图

6.5.2 图例要求

图例的排列要层次清楚，逻辑性强。一般按如下顺序：岩（土）体工程地质制图单元，地质构造，水文地质，地震与外动力地质现象，工程地质问题，环境地质问题及现象，天然建筑材料、矿产资源和景观资源，控制性钻孔点，各类界线，剖面图例等。图例的说明文字应简单扼要。

6.5.2.1 地质灾害常用图例

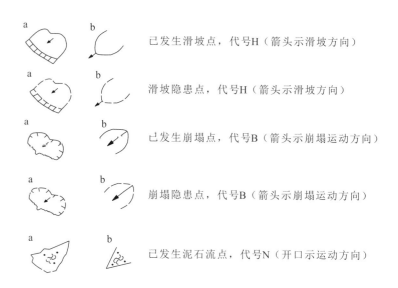

a　b　已发生滑坡点，代号H（箭头示滑坡方向）

a　b　滑坡隐患点，代号H（箭头示滑坡方向）

a　b　已发生崩塌点，代号B（箭头示崩塌运动方向）

a　b　崩塌隐患点，代号B（箭头示崩塌运动方向）

a　b　已发生泥石流点，代号N（开口示运动方向）

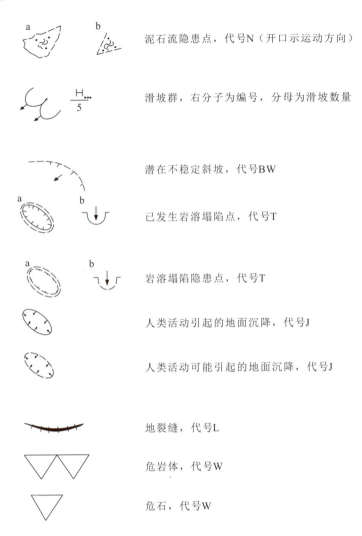

说明：① a.依比例尺；b.不依比例尺。②参照《地质灾害危险性评估规范》(DZ/T 0286—2015)，颜色选色标1，色序9(6号色)。③ 不依比例尺选择符号大小，可根据图比例尺大小自行选择合适的图例。

6.5.2.2 地质灾害危险性分区图例

a) MapGIS 格式

　　　■ 危险性大区（色号 32）

　　　■ 危险性中等区（色号 107）

　　　■ 危险性小区（色号 274）

b) AutoCAD 格式

　　　■ 危险性大区

　　　■ 危险性中等区

　　　■ 危险性小区

c) 分区代号

用罗马数字表示分区代号,字体为黑体字,代号分别为Ⅰ,Ⅱ,Ⅲ,…。亚区代号:在区代号的右下方用阿拉伯数字书写,如:大区一亚区(段)用Ⅰ₁,二亚区用Ⅰ₂,…;中等区一亚区(段)用Ⅱ₁,二亚区用Ⅱ₂;小区一亚区(段)用Ⅲ₁,二亚区用Ⅲ₂,依此类推。

6.5.2.3 图例的排列应根据图廓的形状和主图(平面图)的空间展布情况而定,原则上作如下规定:图的上方为图名、图幅名称以及编号,图的中央部分为综合工程地质图的主图,主图的左侧为岩(土)体综合工程地质分类说明表(或岩(土)体综合工程地质柱状图),主图的右侧为图例,图例的下方根据剩余空间大小,可放置工程地质分区说明表,主图的下方为工程地质剖面图。其他空间可根据需要放置镶图,但一般应放在岩(土)体综合工程地质分类说明表下方。图廓外正下方为比例尺,左下角为署名,右下角为各类资料索引,左上角为制图单位名称,右上角为图纸密级、成图时间。

6.5.3 插图大小

和同大小一般为 A4 或 A3,字体一般不应小于小 5 号字。

6.6 色标用色

色标中有 6 个色。其中基本色 4 个,为柠檬黄(1 号色)、品红(2 号色)、孔雀蓝(3 号色)、黑色(4 号色)。专色 2 个,为大红(5 号色)、橘黄(6 号色),如图 2。

色号	5%	10%	15%	20%	30%	40%	50%	60%	70%	80%	90%	100%	角度
1	571	510	511	512	513	514	515	516	517	518	519	501	0°
2	572	520	521	522	523	524	525	526	527	528	529	502	45°
3	573	530	531	532	533	534	535	536	537	538	539	503	15°
4	574	540	541	542	543	544	545	546	547	548	549	504	75°
5	575	550	551	552	553	554	555	556	557	558	559	505	45°
6	576	560	561	562	563	564	565	566	567	568	569	506	15°

注:蓝色编号表示 MapCAD 系统色标编号。

图 2 色标图

7 成果

地质灾害危险性评估报告纸张为 A4,正文为 4 号或小 4 号字,表格为小 4 号或 5 号字,插图大小为 A4 或 A3,字体一般不应小于小 5 号字。

7.1 封面

7.1.1 上部居中为报告名称（××××××规划区或建设项目地质灾害危险性评估报告），字体大小为小初或1号字，字体为仿宋或宋体，两行以上时行间距为1.5倍行距。

7.1.2 下部居中报告编制单位，字体大小为3号字，字体为仿宋或宋体。

7.1.3 底部居中报告编制时间（汉字××年×月），字体大小为3号字，字体为仿宋或宋体，与报告编制单位的行间距为1.5倍行距或2倍行距。

7.2 内封

7.2.1 上部居中报告名称（××××××规划区或建设项目地质灾害危险性评估报告），字体大小为1号字或小1号字，字体为仿宋或宋体，两行以上时行间距为1.5倍行距。

7.2.2 中间部分依次每行分别为：资质等级（级别）、资质证书编号（××××号）、编写人（编写人之间间距1.5个字符）、项目技术负责（签字）、审核（签字）、总工程师（签字或总工程师名字右侧盖章）、法人（法人名字右侧盖章），字体大小为3号字，字体为仿宋或宋体，以上行间距为1.5倍行距或2倍行距。

7.2.3 下部报告编制单位（单位名称上盖章），字体大小为3号字，字体为仿宋或宋体。

7.2.4 底部报告编制时间（汉字××年×月），字体大小为3号字，字体为仿宋或宋体，与报告编制单位的行间距为1.5倍行距。

7.2.5 中间部分以下每行左侧空4个字符。

7.3 装订顺序

内封后附资质证书影印件，资质证书影印件为评审意见及专家组人员签字表，之后为目录、正文、附图（若附图数量较多、图幅大可另行折叠为A4幅大小的附图）。